克里斯蒂娜·施坦因兰，曾在德国新闻学院主修新闻、生物学和小学教育，目前生活在慕尼黑，是职业作家，已出版科普作品《没有水什么都完蛋！——世界上最重要的物质》，荣获 2020 年德国最美的书。

安妮·贝克尔，1989 年生于德国基里茨，大学主修沟通设计专业，毕业后成为插画师、漫画师，目前在柏林工作、生活。

衷心感谢以下专家学者给予作者的专业支持和耐心解答：
☆ 莱比锡经济研究中心环境与能源部主任 曼努埃尔·福伦德尔教授
☆ 慕尼黑大学人类学与环境历史工作组组长 吉塞拉·格鲁珀教授
☆ 马克斯 – 普朗克等离子物理研究所 伊莎贝拉·米尔西
☆ 慕尼黑电力公司分散发电与可再生能源部主任 克里斯蒂安·普莱特尔博士
☆ 弗劳恩霍夫风力发电系统研究所所长 安德里亚斯·罗伊特教授
☆ 法兰克福自然历史博物馆森肯贝格研究所古代地理环境与气候部主任迪特·乌尔教授
☆ 杜伊斯堡 – 埃森大学移动与城市规划研究所 迪尔克·维托夫斯基教授

U0346744

著作权合同登记：图字 01-2022-4405 号

Die ganze Welt steckt voller Energie
Alles über die Kraft, die uns antreibt.
By Christina Steinlein, Anne Becker
© 2021 Beltz & Gelberg
in the publishing group Beltz – Weinheim Basel
Simplified Chinese language edition arranged through Beijing Star Media Co., Ltd.
Simplified Chinese edition copyright © 2023 by Daylight Publishing House
All rights reserved.

图书在版编目（CIP）数据

充满能量的世界 / (德) 克里斯蒂娜·施坦因兰著；(德) 安妮·贝克尔绘；李蕊译.
-- 北京：天天出版社，2023.8
ISBN 978-7-5016-2131-6

Ⅰ.①充… Ⅱ.①克… ②安… ③李… Ⅲ.①能源—青少年读物 Ⅳ.①TK01-49

中国国家版本馆CIP数据核字(2023)第153640号

责任编辑：郭 聪 邓 茜　　　　　**美术编辑：**邓 茜
责任印制：康远超 张 璞

出版发行：天天出版社有限责任公司
地　址：北京市东城区东中街 42 号　　　　**邮编：**100027
市场部：010-64169902　　　　　　　　　**传真：**010-64169902
网　址：http://www.tiantianpublishing.com
邮　箱：tiantiancbs@163.com

印　刷：北京博海升彩色印刷有限公司　　　**经销：**全国新华书店等
开　本：710×1000　1/16　　　　　　　　　**印张：**6
版　次：2023 年 8 月北京第 1 版　　**印次：**2023 年 8 月第 1 次印刷
字　数：60 千字

书　号：978-7-5016-2131-6　　　　　　　　**定价：**53.00 元

充满能量
的世界

[德] 克里斯蒂娜·施坦因兰 著

[德] 安妮·贝克尔 绘

李蕊 译

人民文学出版社 天天出版社

小朋友经常听到大人这么说。这句话也可以这样理解：你可真能跑！

其实，除了这句口头语，"能量"这个
词还有很多含义。

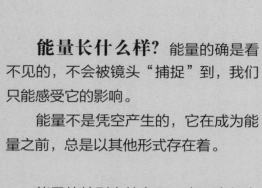

能量长什么样？ 能量的确是看不见的，不会被镜头"捕捉"到，我们只能感受它的影响。

能量不是凭空产生的，它在成为能量之前，总是以其他形式存在着。

能量的特别之处在于，它不会凭空消失，而是不断地转化为其他形式。

所以，能量从来不是静止不动的，它总是在转化着：每一种能量形式都能转化成别的形式。例如，**动能可以转化成热能**。

生长

4

　　就连你身体中的能量也曾经以其他形式存在着——就在食物当中。

　　要想生存，食物是必不可少的，因为我们需要通过食物来获取能量。食物主要分为三类：碳水化合物（如面包、面条、土豆、糖）、脂肪（如各类食用油、黄油）和蛋白质（如肉、鱼、蛋类、谷类、豆类）。此外，还有矿物质和维生素，虽然它们不是能量载体，但也是身体需要的重要营养物质。

我们吃的食物，
进入口腔后通过食道
运送到胃，然后到肠。

在小肠中，食
糜进一步被研磨、
混合之后变得更
小，以便让营养物
质进入血液……

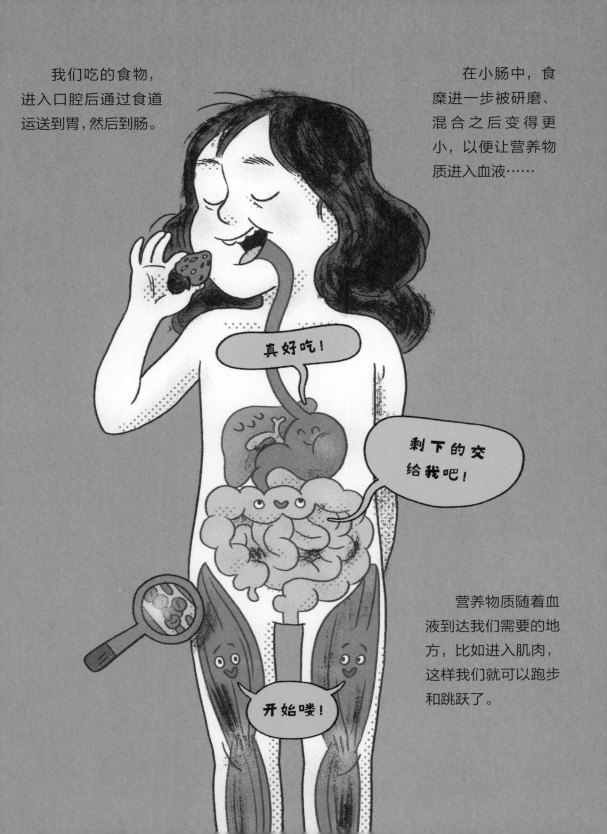

营养物质随着血
液到达我们需要的地
方，比如进入肌肉，
这样我们就可以跑步
和跳跃了。

身体可以储存能量。这很重要，因为人们做每一个动作都需要能量。就算我们一动不动，身体也在消耗能量。如果有人说："睡吧，睡一觉，明天你就又有力气了。"那他只说对了一半。

虽然我们在睡眠中得到了休息，身体却一直在消耗能量。我们的心脏必须持续跳动，两肺需要保持呼吸，细胞在工作，大脑也在运转。这些活动之所以能正常进行，是因为身体从食物中获得了能量，并将其储存起来，留到晚些时候再用。

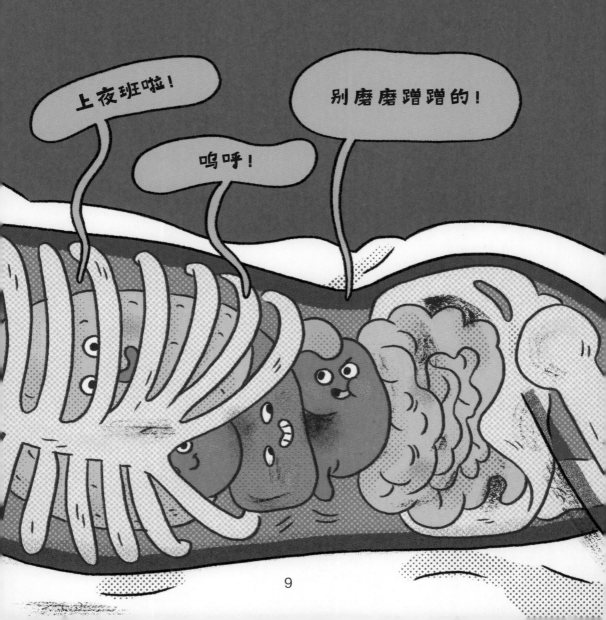

植物对我们至关重要！

植物不仅能作为食物为我们提供营养，还能制造人类（和大多数动物）呼吸的氧气。绝大多数植物直接从阳光中获得能量，人们将这个过程称之为光合作用。化学家用元素符号 O 表示氧气，这源于氧气的拉丁语名 *Oxygenium*。

我们动物以植物为食（食肉动物以食草动物为食）。说到底，我们的能量几乎都来自太阳。

在植物进行光合作用的时候，阳光照在树叶上。这些树叶吸收阳光中的一点能量，也通过叶片上的小孔吸收二氧化碳。

树木通过树根吸收水分和溶解在水中的矿物质。

树木将水、二氧化碳和光组成的混合物运送到叶片上，光合作用就在这里发生，这些物质生成了糖。树木可以将这些糖运送到其他地方储存起来，或直接用于生长。

11

人类和动物通过食物获得能量。
后来，人们逐渐学会有目的地使用能量。在
这个进程中，一项特殊的发现帮了大忙：我
们的祖先学会了如何生火。

人们用火制作熟食。吃了这样的食物，营养物质
能更好地被人体吸收，身体从熟食中获得的能量也比
从生食中获得的能量多。人类的大脑得到了进一步发
育，这可是需要很多能量的！

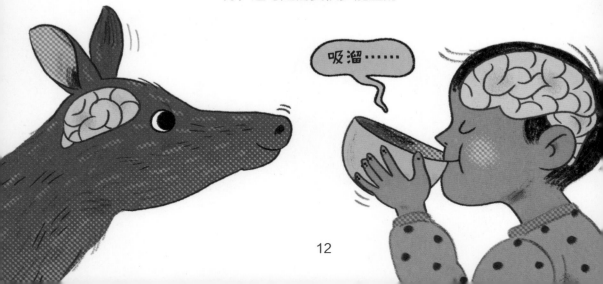

吸溜……

此外，我们的祖先在寒冷的冬夜活了下来，这也是因为他们能在火边取暖。

我们今天所熟知的电，在从前是没有的。所以，我们的祖先发现并学会使用火是一件很了不起的事。他们不仅用火取暖、烧饭，还用它来锻造工具。有了工具，人们就能种植更多农作物，获得更多收成。此外，他们还制造了武器，以便更好地打猎和战斗。

为了将更多麦子磨成面粉，人类还借助水和风的力量来推动巨大的石磨。

油很早就被用作灯的燃料，后来人们用另一种能量载体来照明。今天，我们在一些街道上依然能看到燃气的路灯。

发明了蒸汽机车之后，人们的出行就更便捷了。这是 19 世纪第一列火车的样子，它的发动机是由水蒸气驱动的。

　　大约在 140 年前，人们开始有目的地制造电流，并加以使用。城市的街道开始出现用电照明的路灯，没过多久，第一批电车开始运行。大约在 100 年前，私人住宅也开始使用电灯了。

人们在很久以前就认识并开始使用**石油**了，但直到 19 世纪末，人们才发现从石油中可以提炼出能驱动发动机的**汽油**。

卡尔·奔驰

1886 年，卡尔·奔驰为第一辆汽车申报了专利。对很多人来说，汽车的出现简直就是一个奇迹。

看啊！

原子

在地球上，从最高的山峰到最小的昆虫，一切物质都是由极小的粒子组成的，这种粒子叫作**原子**。因为它们太小了，我们用肉眼根本看不见。原子还不是最小的，还有比原子更小的粒子：原子核里的**质子**和**中子**，还有围绕原子核运动的**电子**。

质子

中子

电子

想象一下，一切物质都是由原子组成的，这已经够难了。然而，原子当中还存在很多空隙，这就更让人难以想象了。打个比方，假如原子核像一个网球那么大，那么电子就在距离它大约两公里以外的地方活动。它们中间还有很大的空间。

如果没有电子，就没有电流： 当电子们在一个导体中，例如电线中的金属丝，向同一个方向运动的时候，我们就可以使用这种电能。就像水只有在有高度落差时才能流动一样，电子在导体中只有在存在电压的时候才能运动。

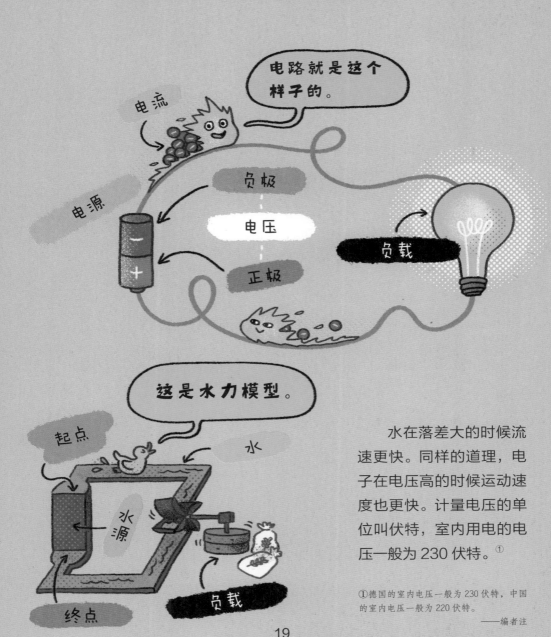

电路就是这个样子的。

电流

电源

负极

电压

正极

负载

这是水力模型。

起点

水

水源

负载

终点

水在落差大的时候流速更快。同样的道理，电子在电压高的时候运动速度也更快。计量电压的单位叫伏特，室内用电的电压一般为 230 伏特。①

①德国的室内电压一般为 230 伏特，中国的室内电压一般为 220 伏特。

——编者注

19

大自然中也有电。比如，一道闪电当中就流动着很多电子。

云朵中的水分子相互摩擦，就会形成**闪电**。闪电是由无数电子组成的，它们都是一些微小、活跃的带电粒子。

电鳗会用自己生成的电击毙敌人和猎物。

就连人体中也有微弱的电流在细胞间不断地流动着：信息以电子信号的形式在神经中传导。大脑的想法和指令从一个神经细胞流向下一个神经细胞。

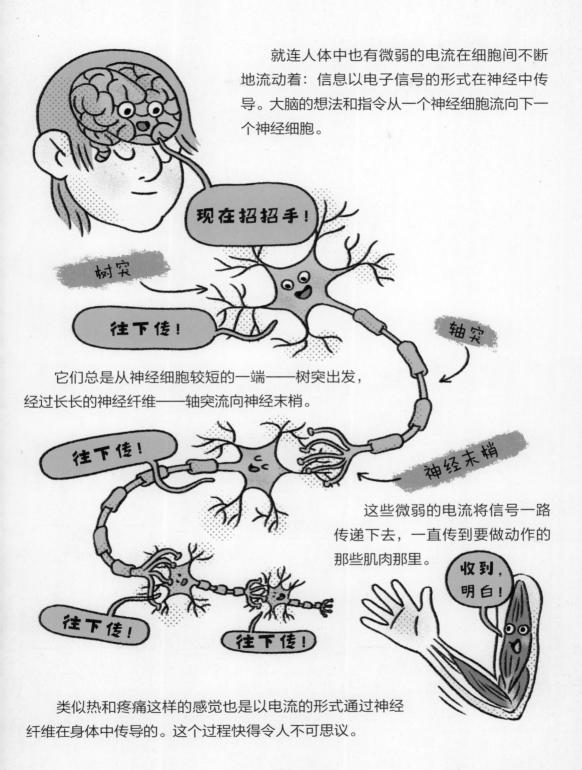

它们总是从神经细胞较短的一端——树突出发，经过长长的神经纤维——轴突流向神经末梢。

这些微弱的电流将信号一路传递下去，一直传到要做动作的那些肌肉那里。

类似热和疼痛这样的感觉也是以电流的形式通过神经纤维在身体中传导的。这个过程快得令人不可思议。

21

电是怎么制造出来的？

为了让我们在家能用上电，首先要
发电。煤在其中发挥着重要作用。

人们将煤炭开采出来，然后在燃煤电站将其磨成粉末。这些
煤粉混合着热空气被吹入锅炉中，并在那里燃烧。燃烧产生的热
量进入一套管道系统，并将管道中的水变成水蒸气。

这些水蒸气再驱动一个与发电机相连的**涡轮**。

由发电机将涡轮的动能转化为电能。核电站、风力发电站和水电站也是通过发电机发电的。

电

水蒸气

涡轮

水

发电机

冷却塔

冷凝器

靠燃烧煤炭发电是非常受欢迎的发电方式，因为它成本低廉，煤炭也比较容易获取。但是，煤炭燃烧的过程中会产生有害健康的气体。欧洲和其他发达国家的发电厂会通过层层**过滤**净化这些废气。但在一些国家，未经过滤的废气被直接排放在空气中，这样就会污染环境；煤炭燃烧过程中还会产生改变地球气候的气体。

咳嗽　　哮喘

电是如何运输的？ 发电厂生成的电要被输往需要的地方，比如我们的住宅、工厂以及其他需要用电的地方。

最高电压：
22万 —38万伏特

高电压：
11万伏特

高压电线

巨型的**高压电线**就是电流的高速公路。有时候，它们要将电流输送到城镇附近的**变电所**。

这一路，总有一部分电能转化为热能散失了，这些能量已经无法使用。为了尽量减少这种损耗，人们就会改变电压。

电能在发电厂的变电站中被调整成超高电压（从核电厂或大型燃煤电站出发）或高电压（中型燃煤电站），并输入高压电网中。电压在变电所会被调整为中压输送到附近的千家万户。

中压：
1000－50000 伏特

室内变电设备

变电机

那么，电又是怎样到达千家万户的呢？

首先，中压电流被输送到邻近的配电箱，并在那里被转换为低压电，再通过地下电缆输往各家各户。

变电箱

低压：
230－400 伏特

电流先通过保险箱，再通过电线流向电灯、各种接入的电子设备和各处插座当中。

保险箱

电表箱

电流在地下室通过**总配电箱**接入大楼，接着流向配电箱的**电表**，再继续流入每家的保险箱。

总配电箱

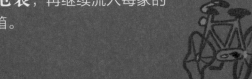

为了计量不同的东西，我们需要各种各样的计量单位。人们计量一段路的距离单位是米，计量重量的单位叫克，而电能的计量单位则是**千瓦时**。

1千瓦时代表的能量大概是一位专业自行车运动员飞快踩轮2小时消耗的能量。

快充满电了！还需要5分钟。

1千瓦时也叫1度，1度电足够让洗衣机洗1筒衣服，足够让我们看10小时电视，或者供节能电灯照明90小时——当然，这只是大概值，实际的用电量因具体设备而各有不同。

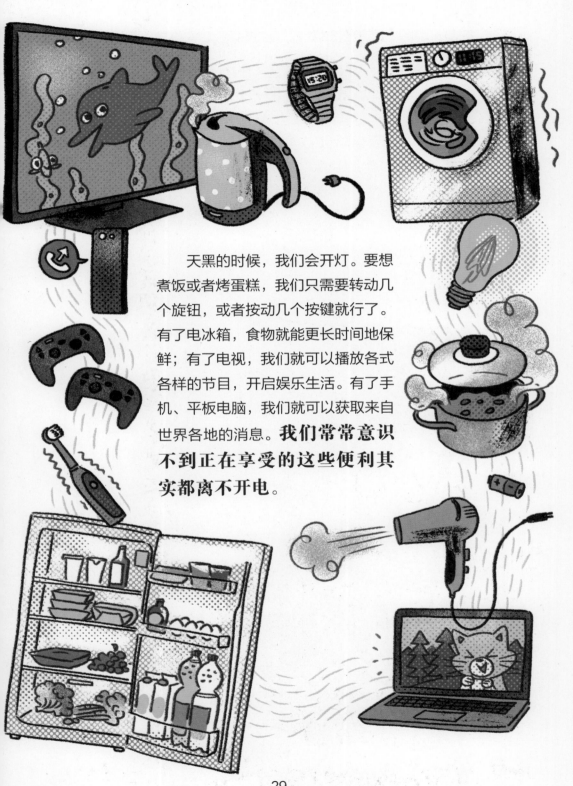

天黑的时候，我们会开灯。要想煮饭或者烤蛋糕，我们只需要转动几个旋钮，或者按动几个按键就行了。有了电冰箱，食物就能更长时间地保鲜；有了电视，我们就可以播放各式各样的节目，开启娱乐生活。有了手机、平板电脑，我们就可以获取来自世界各地的消息。**我们常常意识不到正在享受的这些便利其实都离不开电。**

用电是需要花钱的。 电费的多少取决于发电用的是什么样的能源。每个国家的情况都不一样，主要看各国收取多少税费。比如，德国对电费要收取很高的税，所以电费（与其他国家相比）也比较贵，1度电大约30欧分。我们可以做个比较：欧洲电费最便宜的保加利亚1度电只要10欧分；但我们还应该想到，在保加利亚，大多数人的收入要比德国人少得多。

停电了会怎么样?
门铃按了不会响，冰箱里的食物会变质，电视机不能开启，手机无法充电，不能煮饭、烘焙、洗衣服，假如家里的卫生间正好没有窗户，人们就只能在黑暗中上厕所，因为没有电，灯是不会亮的。

在中欧，四口之家的平均耗电量是每年 24000 度。

在中欧和北欧，三分之二的家庭靠电取暖。取暖的耗电量随着冬季寒冷的程度有所浮动。

冰箱／冰柜：5%

电灯：2%

热水：16%

做饭、烘培、洗衣：6%

暖气：66%

电脑和其他电子设备：3%

其他设备：2%

每家的实际耗电量也有很大差异。房子越大，暖气开得越足，电子设备越多，用电量就越大。

地球上还有 10 亿人过着没有电的生活。他们中的大多数生活在乡村，或非常偏远的地区。这些人的生活是什么样的呢？

他们将植物的残叶、木头和动物的粪便拢在一处用来生火，然后用火取暖做饭。正因如此，他们的住所中经常弥漫着浓烟，人们也会将这些浓烟吸入肺部，这对健康很不利。

在没有电的地方，孩子们必须赶在天黑之前把作业写完。这可不太容易，因为偏远地区的孩子放学后一般要走很远的路才能到家，到家后还要帮父母干农活儿、做家务、照顾弟弟妹妹。

对农民来说，电也十分重要：在没有电的干旱地区，农民只能耕种一小块地。因为农作物需要的水只能靠农民手动从井里泵出，比电泵慢多了。

所以，**能源的匮乏**往往伴随着较差的健康状况、稀缺的教育机会和短缺的食物。

在贫穷国家，人们对能源的消耗非常低，与我们的生活方式正好相反。假如有低价的能源，这些国家人们的生活将会得到很大改善。

我们美好生活的基础就是**能源**。在我们的衣食住行当中，能源无处不在。

建造每一座房子，每一条路都需要能源。

制造汽车、自行车、滑板车和手机都需要能源，比如（用于制造这些设备的）原材料开采、运输、在工厂的加工等。没有能源，这些都是不可能实现的，出版图书、制作服装和食物也是如此。

人类对能源的需求在不断增长。首先，人均能源需求在增长。其次，地球上的人口在增长。从 1919 年以来——这大概是电第一次输送到家庭的时间——世界人口已经从当时的不到 10 亿增长到 70 多亿。

1919

今天

全世界所有人口每年大约要消耗 160 000 000 000 000 000 瓦小时能量。

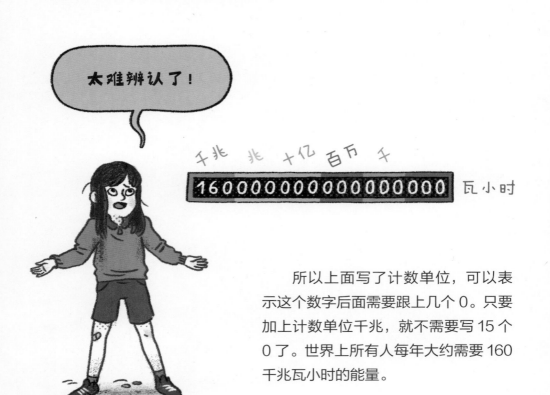

太难辨认了！

千兆　兆　十亿　百万　千

16000000000000000 瓦小时

所以上面写了计数单位，可以表示这个数字后面需要跟上几个 0。只要加上计数单位千兆，就不需要写 15 个 0 了。世界上所有人每年大约需要 160 千兆瓦小时的能量。

世界上几乎一半的能源被发达国家所消耗。世界上人口众多的国家——中国大概消耗了世界能源的四分之一，其他国家，如俄罗斯，在**全球能源需求**中的份额相对小得多。

真的？我以前一点儿也不知道！

剩下的能源不再用于制造更多的能源，而是作为原材料来生产产品。例如，生产颜料和油漆的时候需要用到石油。此外，口香糖、饭盒、蜡烛、冲锋衣和沐浴露中也有石油的成分。

地球上的大部分天然能源都来自太阳。

但是，人们日常使用的大多数能源都来自地球：目前的**能源需求**中，大部分是石油满足的，其次是煤和天然气。此外，我们还可以从核能、可再生能源中获得能量，比如水力、风力和太阳能，可再生原料的油中同样可以供我们获取能量。

风力

水力

来自可再生原料的油，例如菜籽油

核能

石油

天然气

煤炭

今天我们在地下找到的煤矿，在很久很久以前其实是一片雨林。几百万年前，沼泽地上生长着石松科植物和高达20米的木贼科植物（现在的木贼一般最多能长到1米高），还有蕨类植物和苔藓。这些植物死后便倒下，陷入沼泽中。

地壳外部的运动导致地面日渐下沉，地面上不断长出新的植物。

死去的植物

由于地壳外部的运动，土层不断沉积。同时，土层上方又有新的植物在生长，老的植物在腐败。越来越大的重量向下挤压，加上地球内部的高温，让这些死去的植物先变成**褐煤**，然后成为黑色的**煤炭**。

煤

今天的煤层可以反映出很久以前的植物生长得多么繁茂。10 米厚的植物残骸和沼泽土只能形成大概半米深的煤层。褐煤可以在不到 10 万年时间生成，但煤层则需要至少 500 万到 1000 万年时间才能形成。

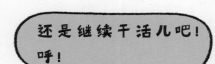

还是继续干活儿吧！呼！

在几百万年的时光里，这样的沼泽曾在很多地方广泛地存在过。所以，今天世界上几乎所有大陆都能找到这样的煤层。

煤炭容易燃烧，能以热能和光能的形式释放能量。现在全世界使用的能量中，有近三分之一来自煤。

石油和天然气都起源于海洋。两者都是由几百万年前的海洋生物——主要是微小的海藻——形成的。死去的浮游生物沉积在海底深处的海床上，与那里的泥沙混合在一起，变成烂泥。同时，新的沉积物又盖在死去的浮游生物上，海床继续下沉。

压力和温度将死去的矿物质分解，形成了**石油**和**天然气**。两者都相对较轻，在地层中不断运移，直到遇到不透水的土层，例如泥岩。石油和天然气便在这样的地层下方聚集，并发育成矿床，整个过程一般要持续上百万年。

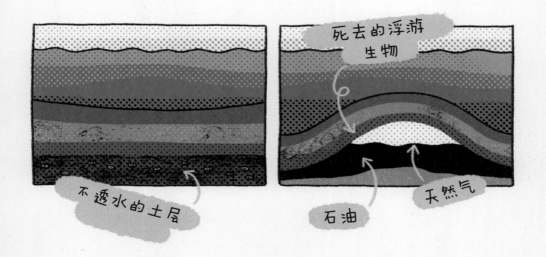

煤、石油和天然气被称为**化石燃料**，因为它们是很久很久以前产生的。它们的燃烧会产生很多能量，没有这些能量，就没有我们今天的文明。但这些燃料也带来许多问题，这些问题在过去几年日益凸显出来。

石油是最重要的能源。 它可能存在于坚固的地层中，也可能存在于海床之下。为了将石油开采出地表，人们搭建了

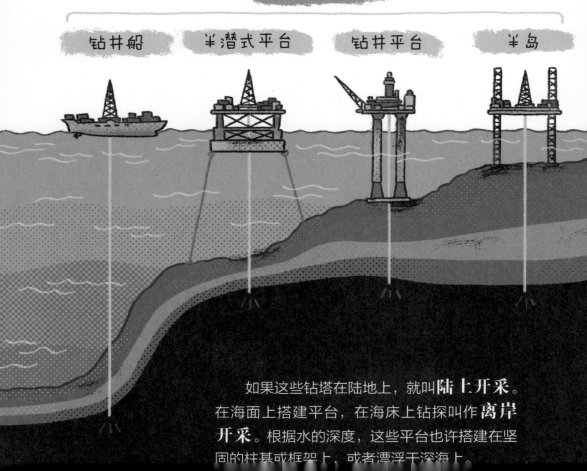

如果这些钻塔在陆地上，就叫**陆上开采**。在海面上搭建平台，在海床上钻探叫作**离岸开采**。根据水的深度，这些平台也许搭建在坚固的柱基或框架上，或者漂浮于深海上。

开采上来的石油还不能直接使用，要先经过加工，在大型炼油厂将原油加热。原油的不同组成部分在不同温度下蒸发，各种物质彼此分离开来，这样就提炼出了汽油、柴油、取暖燃油等，可以用于给汽车加油或供暖。

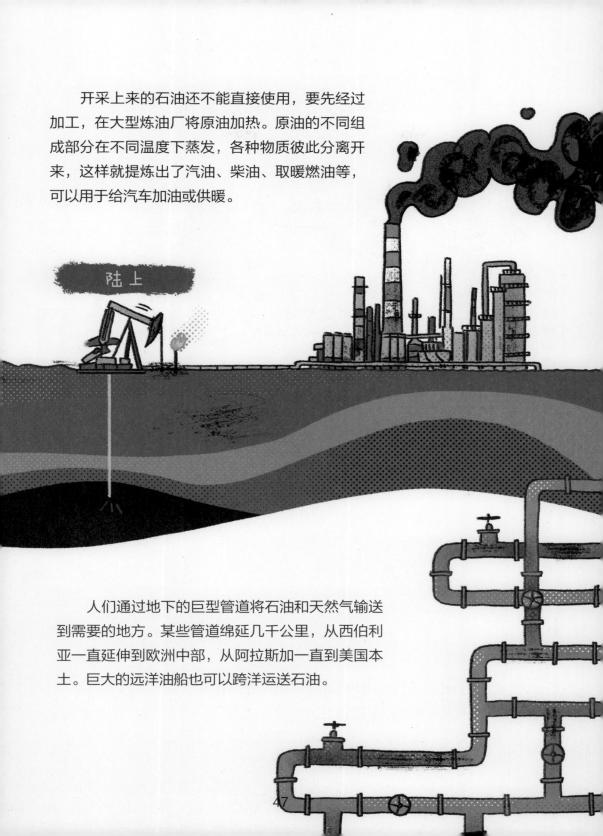

陆上

人们通过地下的巨型管道将石油和天然气输送到需要的地方。某些管道绵延几千公里，从西伯利亚一直延伸到欧洲中部，从阿拉斯加一直到美国本土。巨大的远洋油船也可以跨洋运送石油。

石油和天然气经常引发冲突甚至是战争。 假如一处矿床存在于远离大陆的海洋中，往往很难判定它属于哪一个国家。

有时候，人们会因为原材料的定价而争吵不休。曾经就发生过这样的事：某个国家停止向管道中输送天然气，或者直接关闭向另一个国家输气的阀门。为了不过度依赖某一个国家，很多国家的政府都尽量从不同的国家采购能源。

其实，一个国家内部也经常因为能源引发冲突。很多国家的矿藏储量无法让所有人都享受富裕的生活，往往只有少数人有权拥有石油和天然气，并以此赚钱，其他人依然穷困潦倒。

在石油的运输过程中，屡次发生泄漏事故。石油从管道或运油船中流出，污染了饮用水、土壤，导致海洋中的鱼类大量死亡，很多农民和渔民因此失去了谋生的基础。

由于石油比水轻，泄漏的石油就像一张地毯一样漂浮在海面上，这不仅对鱼来说非常危险，还会威胁到海鸟，因为它们总是在空中寻找歇脚的地方。由于**油毯**看上去比水面更平静，海鸟们经常选择在上面落脚，却没想到自己落入了致命的陷阱：它们不仅落入水中，羽毛上还沾满了石油。如此，海鸟的身体就会迅速失温，可能再也无法飞行或游动了。假如它们误吞了石油，还会中毒而死。

海上钻井平台已经发生过多起严重的事故：如果钻井平台发生爆炸，上面的工作人员就会面临生命危险，大量的原油也会直接倾入海洋。

如果石油输送到了需要它的地方，就能使我们的生活变得非常便利：我们用燃油或天然气取暖，用柴油或汽油这样的动力燃料来代步或运输货物（就连地球另一边的货物也能运来）。如果没有这些燃料，人们在冬天就会挨冻，我们已经习惯的很多东西都会消失。

但我们对石油、天然气和煤的使用也带来了一些负面影响，因为这些过程正在改变着**地球的气候**。

温室气体

天然的
温室效应

大气层

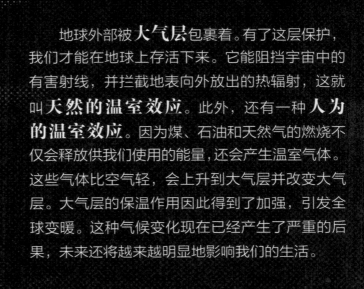

　　地球外部被**大气层**包裹着。有了这层保护，我们才能在地球上存活下来。它能阻挡宇宙中的有害射线，并拦截地表向外放出的热辐射，这就叫**天然的温室效应**。此外，还有一种**人为的温室效应**。因为煤、石油和天然气的燃烧不仅会释放供我们使用的能量，还会产生温室气体。这些气体比空气轻，会上升到大气层并改变大气层。大气层的保温作用因此得到了加强，引发全球变暖。这种气候变化现在已经产生了严重的后果，未来还将越来越明显地影响我们的生活。

人为的
温室效应

科学家认为，气候变化将引发更长时间的干旱，同时会造成洪水更频繁地出现。也就是说，在雨水丰沛的国家，下雨会更加频繁；而在缺水的地区，雨水会越来越少。

雨水过多或过少对农业生产都很不利。如果干旱的时间过长，庄稼很有可能颗粒无收，人们只能饿肚子；如果雨水过多，农田会积水，收成也会大打折扣。

此外，地球变暖还会导致冰川融化。居住在冰川下游地区的人们就会更多地遭遇洪灾。

除了冰川，极地地区的冰也会融化。冰融化的水流入海中，造成世界范围内的海平面升高，海岸沿线地区可能会被海水淹没。一些处于海平面以下的城市已经筑起坚固的堤坝来保护自己。

人工灌溉或兴修大型堤坝所需的花费巨大。所以，受气候变化影响最大的其实是贫穷国家，因为他们没有经济条件应对这些变化。

由于这些改变，很多人将不得不离开故土，寻找新的地方生活。

而气候变化主要是由富裕国家造成的，因为这些国家为了自身的发展燃烧了太多的化石原料。

新加坡

美国

德国

乌干达

在富裕国家，人们对能源的需求非常高。

他们大量燃烧石油和天然气，而形成这些能源则需要上万年的时间。新加坡人均消耗的石油比乌干达要高出许多。

人类每天要燃烧近 1 亿桶石油。按照国际标准，1 "桶"石油是 159 升。之所以用这样奇怪的容积来计量，还是因为死去的鲱鱼：1 只干净的木质鲱鱼桶正好能装下 159 升石油。18 世纪初第一次盛装石油用的就是这种木桶。

　　资源的储量总有一天会被消耗光的。所以，人们经常计算现有的石油储量还能供人类使用多少年。在 20 世纪 70 年代，人们预计石油会在 2000 年左右枯竭。但是，这个时间过去 20 多年后的今天，石油依然是我们最重要的能量载体。这是怎么回事呢？

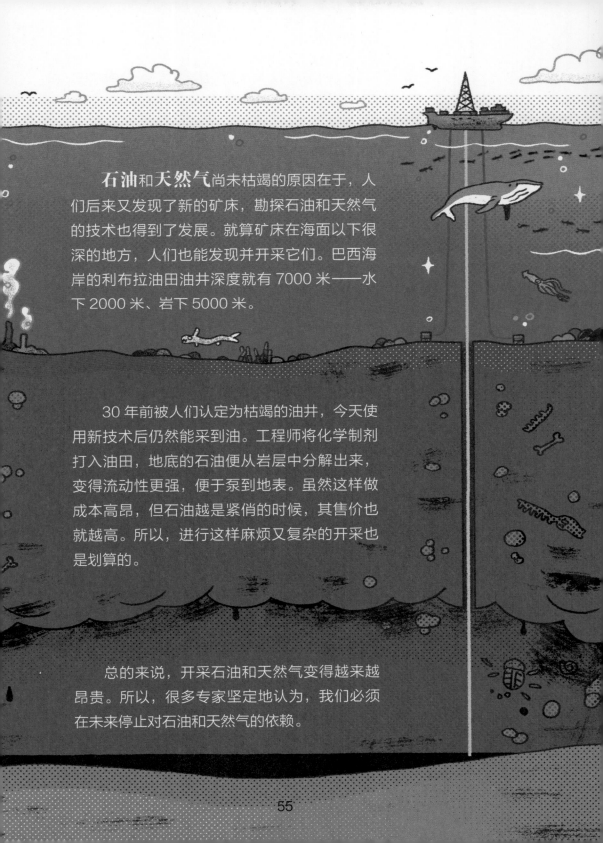

石油和**天然气**尚未枯竭的原因在于，人们后来又发现了新的矿床，勘探石油和天然气的技术也得到了发展。就算矿床在海面以下很深的地方，人们也能发现并开采它们。巴西海岸的利布拉油田油井深度就有 7000 米——水下 2000 米、岩下 5000 米。

30 年前被人们认定为枯竭的油井，今天使用新技术后仍然能采到油。工程师将化学制剂打入油田，地底的石油便从岩层中分解出来，变得流动性更强，便于泵到地表。虽然这样做成本高昂，但石油越是紧俏的时候，其售价也就越高。所以，进行这样麻烦又复杂的开采也是划算的。

总的来说，开采石油和天然气变得越来越昂贵。所以，很多专家坚定地认为，我们必须在未来停止对石油和天然气的依赖。

原子能可以部分满足世界对电力的需求。原子能是什么？它是从原子核中获得的能量，所以也叫**核能**。1938 年，科学家首次成功地分裂了一个原子核，也就是铀原子的原子核。这个核裂变的过程产生了巨大的能量。

反应堆容器中的控制棒可以减缓核反应，并在紧急关头终止反应。

　　核电站利用的正是这个原理。核电站将原子核分裂，并将其释放出的能量转化为热能。热能产生的高温可以让水变成水蒸气，水蒸气驱动涡轮，与之连接的发电机将涡轮产生的动能转化为电能。

用这种方式发的电几乎不产生危害环境的废气，核电的电价也相对便宜。

电

水蒸气

涡轮

水

发电机

冷凝器

冷却塔

然而，这种技术有一个致命的缺点：在分裂原子的过程中会产生非常危险的放射线。所以，核电站的安全要求极高。此外，发电剩下的核废料在很长时间内都有剧毒。如何处理这些核废料，人们做过很多讨论，但还没有找到最妥善的解决办法。

全世界有 400 多座正在运行的核电站，
大多数核电站都能可靠地发电。可一旦发生事故，后果就会非常严重。高强度的**核辐射**会导致人患上癌症这样的重疾。极高强度的核辐射甚至能在几分钟之内致人死亡。

1986 年，乌克兰的**切尔诺贝利**核电站就发生过一次严重事故。当时有大量放射性物质泄漏，居住在附近城市普里皮亚季的人们不得不紧急撤离，直到今天也无法回去。虽然这座城市早已无人居住，但当年的购物中心、游泳池、幼儿园等设施今天仍在那里。游乐场的摩天轮也还在，但已然报废，如今变得锈迹斑斑，昔日的城市而今已是破败不堪，湮没在荒草之中。现在这座城市可以供旅游者参观，但整片区域在未来很长一段时间之内依然无法居住。

这是因为放射性元素的**半衰期**极为缓慢。人们说的半衰期，指的是放射性强度衰减到原值一半所需要的时间。每一种放射性元素的半衰期都不同。在切尔诺贝利遭到泄漏的极具毒性的钚有几种同位素，其中钚-239 的半衰期长达24000 多年。

2011 年，日本发生了强烈地震，地震引发了海啸。沿海城市**福岛**受到重创。地震和海啸破坏了福岛核电站的部分设施。海啸掀起的巨浪至少有 13 米高，而防护墙只有 5.7 米高。放射性射线泄漏到环境中，但这次核泄漏比切尔诺贝利那次事故要少得多。尽管如此，还是有很多人被迫离开家乡。虽然后来大部分灾民可以重返故乡，但核电站的清理工作还要进行几十年，这次事故之后，很多国家决定放弃使用核能。

人们利用风能、水能、太阳能和地热来生产"清洁的电"。"清洁"是指在生产过程中几乎不消耗原材料，在使用过程中也不会排放任何有害的废气。这种**可再生的能源**可以满足目前全世界四分之一的电力需求。

从前，人们用可再生能源发电的比重很小。2010 年，全世界只有五分之一的电力来自可再生能源，2010 年以前的发电量比这个数字更少。这是因为人们逐渐意识到，我们必须放弃对化石燃料的依赖，不过，规划和建设新的发电设施也需要一个相当长的过程。

许多国家都颁布了法案，大力发展可再生能源，所以，它的占比在不断增大。可惜，可再生能源同样带来了一些弊端。没有一种能源形式是绝对环保的，也没有一种能源形式能够让所有人都感到满意。

61

现在的可再生能源中，大部分都是水力发电。

发电机

涡轮

变压器

水电站利用水流来发电：水流流经发电站，推动与发电机相连的涡轮，发电机将水的动能转化为电能。变压器给电流提高电压，使得电流可以流入电网。这样的发电厂依靠的是河流带来的能量，也能满足人们的平均用电需求。

但是，如果中午有很多人同时烧饭，或者晚上大家都开灯的话，用电需求就会大幅增加，就要接入更多的电量，这时候蓄能水电站就非常合适。蓄能水电站将水蓄积在一个处于高位的水库中，在需要的时候，水便会通过管道流向下游，并推动涡轮转动，就像其他水电站一样。

有些**水库**破坏了植物和动物的生活环境，这是对自然环境的粗暴破坏；有些水库淹没了村庄和城市，原本住在那里的人只好搬迁，这是对人文环境的破坏。

而有些地区由于地势过于平缓，并没有条件建水电站。

新型风力发电机一般是 150 米高，加上叶片能达到 230 米高——比位于德国、世界第三高的科隆大教堂高多了。

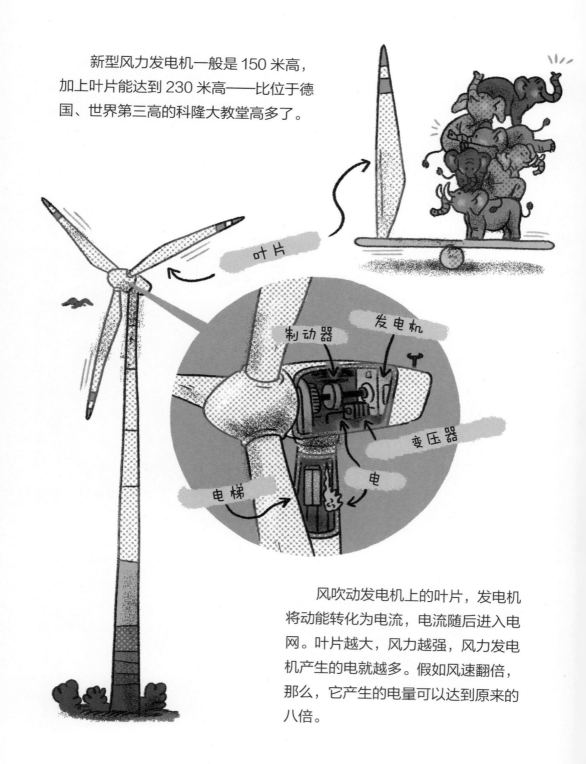

叶片

制动器

发电机

变压器

电梯

电

风吹动发电机上的叶片，发电机将动能转化为电流，电流随后进入电网。叶片越大，风力越强，风力发电机产生的电就越多。假如风速翻倍，那么，它产生的电量可以达到原来的八倍。

然而，并非所有地区都适合建风力发电机：有的地区风力不大，自然保护区也不允许建风力发电机；还有一些地区虽然适合建，但当地居民不喜欢家门口矗立着风力发电机。他们认为这些发电机破坏风景，并且噪声太大。

海上也可以建风力发电机，只是人们必须将长长的电线埋入水下 30 米的海底。不过，在海上建风力发电机的好处是那里的风力非常强劲。

如果风力发电机坏了，工程师们有时候要乘船好几个小时到现场去维修设备。

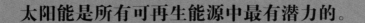

太阳能是所有可再生能源中最有潜力的。

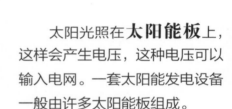

太阳光照在**太阳能板**上，这样会产生电压，这种电压可以输入电网。一套太阳能发电设备一般由许多太阳能板组成。

在发达国家，很多房屋的屋顶上都安装了**太阳能设备**，此外，还有**阳光公园**，里面有超大面积的太阳能板可以吸收阳光，然后将其转化为电。

可惜，地处北方的国家日照太弱，而且不论在哪里，夜晚都没有阳光，所以，太阳能板只能在白天将太阳光转化为电。如果想在夜间用电就必须将白天生成的电存起来，不过，这在目前来看还比较困难。

很多贫困国家的阳光都非常充足，太阳能设备可以充分发挥作用，满足人们日常对能源的需求。对一座村庄来说，比起接入公共电网，用太阳能设备来发电反而比较便宜。

太阳能还可以用于其他领域。房屋屋顶上的太阳能收集器可以收集光能，将其转化为热能，为家庭提供热水或部分供暖。这就是**太阳能热水器**。

从前，电力是由大型发电厂生成，并通过电网输送给家庭、公司和工业界的。今天，很多小型和中型电厂也可以将自己发的电接入电网。

电网四通八达，但电网的每一个角落和每一个终端都需要工程师们不断地维修和建设。以德国为例，工程师们还要不停地维护与德国电网相连的邻国电力设施。也就是说，整个电网必须协调合作，否则就会损失很多电能。

没有人能完全掌控电网。所以，有时候会发生不可预期的事情。2006 年，北德地区发生了两次高压电线停电事故，影响到的不仅是事故发生地，还涉及德国多个地区，法国、比利时、奥地利、意大利和西班牙的部分地区也发生了停电事故。

过了好几个小时，全部地区才恢复供电。所以，一地的事故可能影响几千公里以外的其他地区。

我们还要看到，靠可再生能源获得的电量忽大忽小。在天气晴朗或风力等条件好的时候，输入电网的电量明显会多一些。

这些复杂的情况让电网的运营变得更加困难。反对使用可再生能源的人担心会发生更多的停电事故——虽然目前还不清楚会不会真的发生这种情况。但可以确定的是，我们需要更加智能的电网，以便更好地协调供需关系。

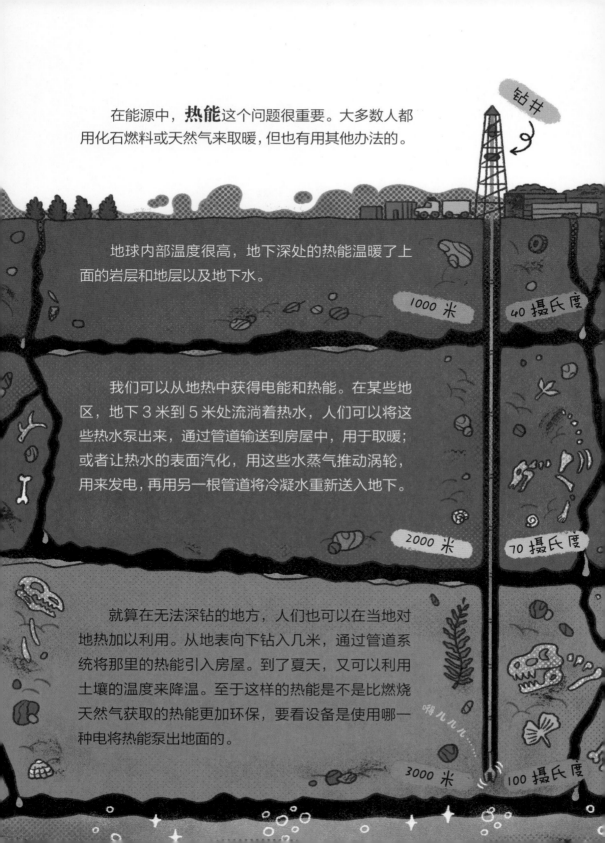

在能源中，**热能**这个问题很重要。大多数人都用化石燃料或天然气来取暖，但也有用其他办法的。

钻井

地球内部温度很高，地下深处的热能温暖了上面的岩层和地层以及地下水。

1000 米　　40 摄氏度

我们可以从地热中获得电能和热能。在某些地区，地下 3 米到 5 米处流淌着热水，人们可以将这些热水泵出来，通过管道输送到房屋中，用于取暖；或者让热水的表面汽化，用这些水蒸气推动涡轮，用来发电，再用另一根管道将冷凝水重新送入地下。

2000 米　　70 摄氏度

就算在无法深钻的地方，人们也可以在当地对地热加以利用。从地表向下钻入几米，通过管道系统将那里的热能引入房屋。到了夏天，又可以利用土壤的温度来降温。至于这样的热能是不是比燃烧天然气获取的热能更加环保，要看设备是使用哪一种电将热能泵出地面的。

嘟儿儿儿……

3000 米　　100 摄氏度

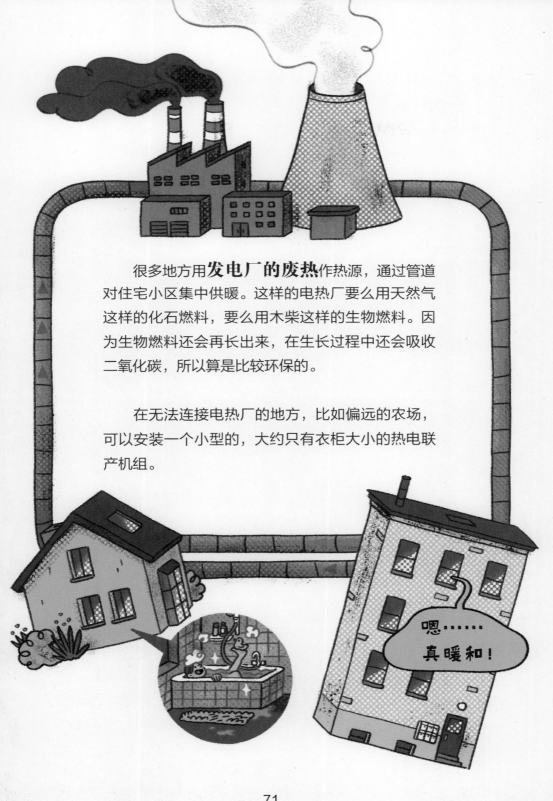

很多地方用**发电厂的废热**作热源，通过管道对住宅小区集中供暖。这样的电热厂要么用天然气这样的化石燃料，要么用木柴这样的生物燃料。因为生物燃料还会再长出来，在生长过程中还会吸收二氧化碳，所以算是比较环保的。

在无法连接电热厂的地方，比如偏远的农场，可以安装一个小型的，大约只有衣柜大小的热电联产机组。

嗯……真暖和！

我们还需要能量来为交通工具提供动力。

我们蹬车的时候消耗的是自己的能量，开车或骑摩托车的时候，消耗的是燃料。今天，大部分汽车都是靠汽油或柴油驱动的，这样产生的废气有毒，对环境也有害。

要是拥有汽车的人少一点就好了。为了实现这个目的，城市应该给自行车骑行者和步行者更大的空间，公共交通也应该更便捷，更便宜。

第一批自动驾驶的地铁已经出现了——这些列车不再需要司机。无人驾驶的轻轨和火车可能也会很快投入使用。

除了这些，未来会有更多人驾驶由电池驱动的**电动汽车**。电动汽车是否环保取决于它使用的电是如何产生的。

目前，电动汽车的价格还比较昂贵，也无法开得太远：因为很多车型是为日常通勤设计的，但电动汽车的电池还无法提供长距离所需的动力。电动汽车充电所需的时间比汽车加油的时间要长得多，有时候甚至需要好几个小时。这样的电池寿命只有短短几年，电池失效后必须更换新电池。

我们真的去哪儿都需要开车吗？

电池本身也是个问题，制造电池本来就不环保，制造电池的原料也很难在自然中分解，为了分解电池，有些人只能在很差的环境下工作。我们使用的其他电子设备（如手机、笔记本电脑、手电筒……）的电池也存在这个问题。

许多专家对**氢气**寄予厚望，这是一种天然存在同时蕴含着巨大能量的气体。

> 氢气燃烧只会生成一点水，不会产生有害气体。

氢气燃料可以驱动公共汽车、货车和负载沉重的轮船，如果将它继续加工成人造燃料，液态氢还可以取代航空煤油，工业界也有可能用氢气替换石油和天然气。

不过，困难在于氢气不是天然的能源。人们无法像开采石油、天然气或煤那样把氢气从地下开采出来，而是必须从天然气或水中将氢气分离出来，然后才能对其加以利用。

分离氢气的办法还有很多，目前，人们主要从天然气中分离氢气。由于这个过程又要消耗化石燃料，人们称其为"灰氢"。

另一种获得氢气的方法是**电解**。这个反应是将电通入水中，电流会将水分子分解为氢气和氧气，氧气可以直接排入空气中，分解出的氢气则被收集起来。如果用于电解的电是由可再生能源发出的，那么，产生的氢气就被称为"绿氢"，这样的能源方式能够为我们带来环境良好的生活。

到目前为止，氢气的生产还非常昂贵。运输氢气也有一定难度，因为氢气不能直接充入普通货车或货船的气罐中。所以，人们还要继续改进技术，这些花费都很大。

氧气

O₂

可再生能量来源

电

电解

H₂

氢气

风能和太阳能发的电时多时少，甚至有一个词专门描述既没有阳光，又没有风的那段时间——**黑暗的寂静**。

但在黑暗的寂静中，人们还是需要用电来推动房屋中的热泵，这样才能充满电动车的电池，维持冰箱、炉灶和电视等设备的正常运转。

目前，如何将电能储存下来依然是个巨大的难题，一个经常使用的解决方案是**抽水蓄能电站**。在日照十分强烈或风力强劲的时候会产生巨大电能，人们用这些电将下游水库中的水抽到上游水库，在需要的时候，再让上游的水流下来推动涡轮发电。这个原理的应用效果不错，但不是所有地方都有条件建造抽水蓄能电站。

人们还用类似的原理建造了**压缩空气储能罐**，用多余的电将空气压缩在地下洞穴之类的地方。需要用电的时候，人们再把空气放出来推动涡轮转动。

还有一种储存电能的办法是用电制造氢气。在需要的时候，氢气可以重新用于产生能量，这种燃料可以进行灌装。

电池同样能储存能量。在阿姆斯特丹的阿贾克斯足球场，就是用电池来储存太阳能电的。球场的屋顶上安装了许多太阳能板，这些电通过蓄电池（大多是从电动汽车上拆下来的）储存下来，以供球场和周边的居民使用。

储存电的办法还有很多，但问题是在能量转化的过程中，总有一部分能量转化成了热能，这部分热能是无法使用的。因此，目前的储存电能的过程还不是十分高效。

在发达国家，人们正消耗着很多原料。比如，我们要经常使用太多需要能量的设备；就连互联网也在消耗着能源，大型互联网公司的计算中心无时无刻不在吞噬着巨大的电量。

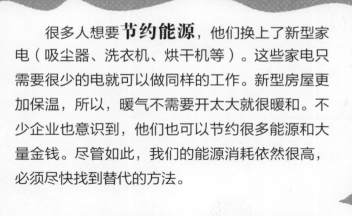

　　很多人想要**节约能源**，他们换上了新型家电（吸尘器、洗衣机、烘干机等）。这些家电只需要很少的电就可以做同样的工作。新型房屋更加保温，所以，暖气不需要开太大就很暖和。不少企业也意识到，他们也可以节约很多能源和大量金钱。尽管如此，我们的能源消耗依然很高，必须尽快找到替代的方法。

　　同时，贫穷国家的人口虽然多，使用的能源却很少。不过，随着生活水平的不断提升，这种情况也会发生改变。理想的情况是，人类不断发展科技，让新兴的科技帮助世界上所有人生产清洁的电，从而高效地使用能源。

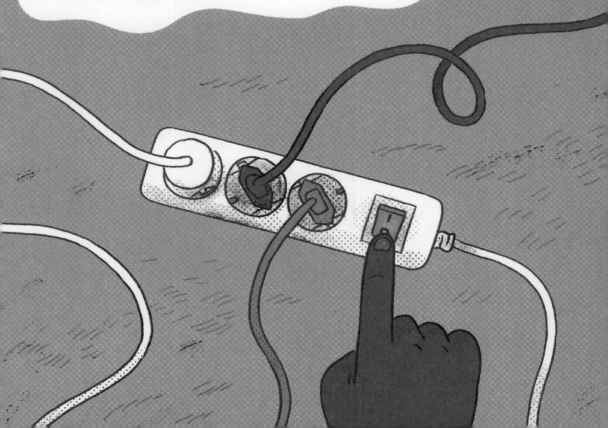

节约能源，你可以这样做：

1

洗衣机非常耗能。只穿过一次，还算干净的衣服可以先收好，不必立刻洗掉。洗好的衣服最好在空气中晾干，尽量不使用烘干机。

2

买新玩具前要想一想，所有产品的制造都是需要消耗能源的。

你也可以向朋友借、交换或在跳蚤市场买一些二手玩具。

没人在家或开窗透气的时候，暖气不要调到很高温度。

没人在房间的时候随手关灯，不要浪费电。

由于路途遥远，很多孩子坐车去上学，但如果上学的路不太远，请尽量步行，或者骑自行车上学。

一起上学更开心。

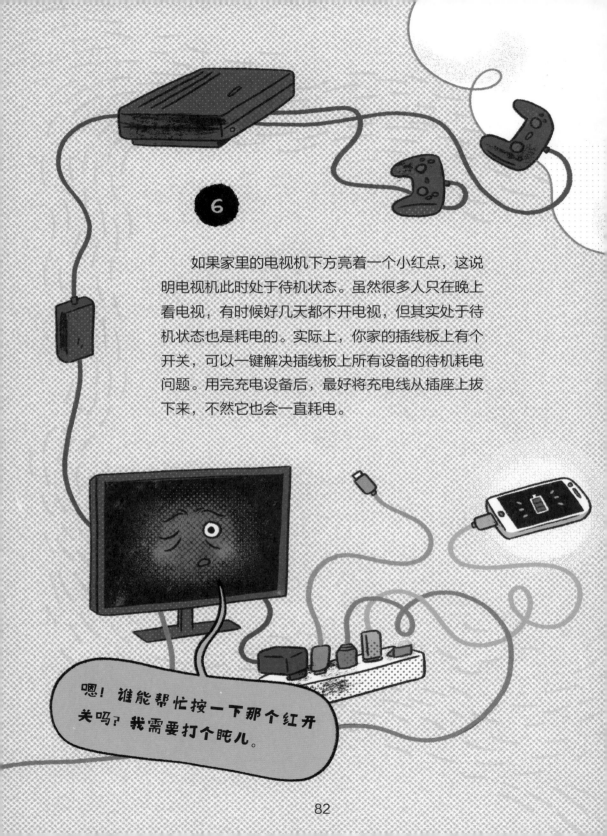

6

如果家里的电视机下方亮着一个小红点，这说明电视机此时处于待机状态。虽然很多人只在晚上看电视，有时候好几天都不开电视，但其实处于待机状态也是耗电的。实际上，你家的插线板上有个开关，可以一键解决插线板上所有设备的待机耗电问题。用完充电设备后，最好将充电线从插座上拔下来，不然它也会一直耗电。

嗯！谁能帮忙按一下那个红开关吗？我需要打个盹儿。

7 使用适合灶台加热直径的平底锅；不要一次烧过多的水，烧水时最好盖上锅盖，减少热量在空气中的损耗。

8 洗碗机放满了用过的餐具再洗，选择节能的洗碗程序。

9 尽量在买新家电时选择更节能的型号。节能的型号虽然价格比较贵，用起来却会更省钱，因为这样的机器在多年使用中只会消耗很少的电。

未来会怎样呢？ 太阳主要是由氢气组成的，在它炽热的内部，氢原子核彼此融合，这就叫**核聚变**。核聚变会释放出巨大的能量，一直到达我们的地球。

几十年来，科学家一直试图在发电站点燃这样的**太阳火**。1克燃料产生的能量与 11 吨煤产生的能量一样多，如果成功了，我们就能用上更环保、安全、便宜的电了，并且用之不竭。

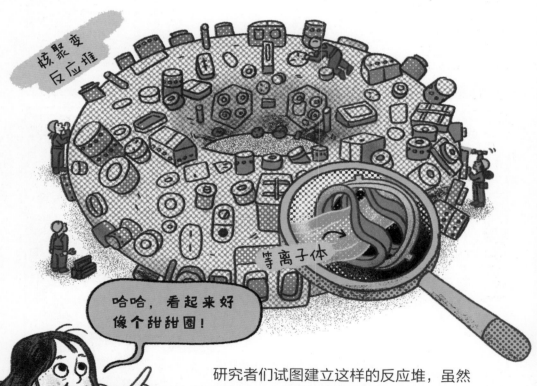

研究者们试图建立这样的反应堆，虽然他们目前投入的能量比产出要多，但他们衷心希望今天的孩子长大后能用上核聚变设备发出的电。

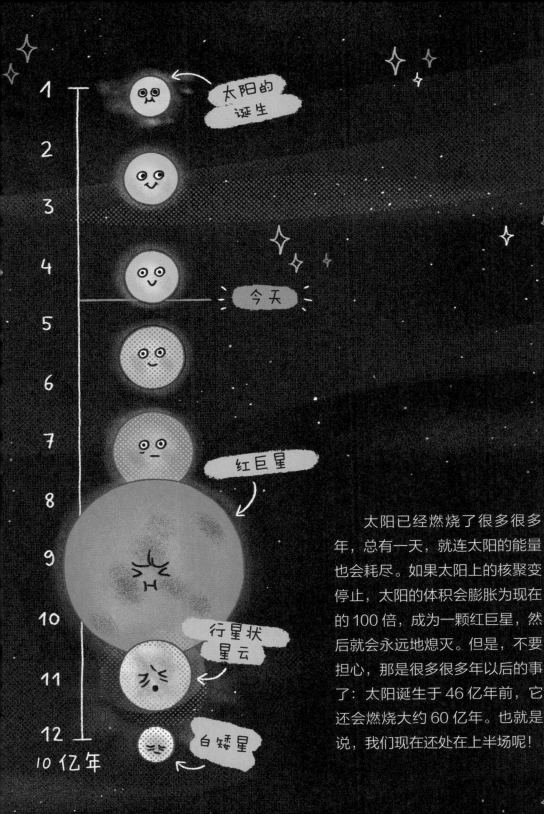

太阳的
诞生

今天

红巨星

行星状
星云

白矮星

1
2
3
4
5
6
7
8
9
10
11
12
10 亿年

太阳已经燃烧了很多很多年，总有一天，就连太阳的能量也会耗尽。如果太阳上的核聚变停止，太阳的体积会膨胀为现在的 100 倍，成为一颗红巨星，然后就会永远地熄灭。但是，不要担心，那是很多很多年以后的事了：太阳诞生于 46 亿年前，它还会燃烧大约 60 亿年。也就是说，我们现在还处在上半场呢！

日常补充不可或缺的能量
你还可以阅读这些"充满能量"的书

《我就是我》

德国艺术家联盟 著/绘 黄晓晨/译

这本由漫画、拼贴、摄影等多种艺术形式构成的图文书，试图通过问卷、游戏和故事等方式告诉大家，再渺小的人也是独一无二的，我们要有勇气成为与众不同的那一个！

《你想要的一切美好》

德国艺术家联盟 文/图 黄晓晨/译

这是一本写尽一切美好的愿望书，一本穷尽想象力的"脑洞"书，一本让人心情愉快并渴望未来的治愈书。让我们一起进行哲学思考、一起大笑、一起创造，愿每个人都拥有自己想要的一切美好！

《发呆、乱抽屉与四处走走：
改变世界的想象力》

[葡]伊莎贝尔·米尼奥斯·马丁斯/文

[葡]马达莱娜·马托索/绘

郭莹/译

这本书将会带你寻找关于想象力的方方面面，用艺术与哲学相结合的方式让你重新认识想象力。跟着科学家、艺术家和任何有想象力的人一起，重新认识你脑中"了不起的想象力"吧！